神奇动物在哪里

猛禽

[法] 萨比娜·博卡多尔◎著

杨晓梅◎译

U0172015

吉林科学技术出版社

金雕

金雕是一种昼行性猛禽，它是可怕的猎手。与其他鸟类相比，它具有锋利的喙与爪子。金雕体形较大，名字源于它们头颈部的红棕色羽毛。在欧洲北部、东部、南部的高山地区及北美洲、亚洲都能见到它的身影。

鼻孔　　蜡膜

钩子一般的喙

生理特点

金雕是一种大型鸟类，身长在76～102厘米，体重则是2～6.5千克，翼展超过2米，它的肌肉极为发达，占据了全身一半重量，特别是腹部与腿部的肌肉，让它拥有超强的飞行能力。

视觉、听觉与嗅觉

金雕拥有发达的视力，它对色彩的分辨力与人类一样，但视野范围是人类的两倍。超强的视力让它可以发现1千米外的土拨鼠。它的眼睛是真正的"望远镜"。

金雕的双耳藏在羽毛之下。昼行性的猛禽听力很好，视力也非常优秀，但嗅觉不太发达。

喙

金雕的喙与其他掠食性鸟类一样，锐利又弯曲，长度可达5厘米。上喙隆起，边缘很锋利，末端坚硬，像钩子一样盖住下喙。下喙又短又直，如同小型排水沟。喙与头部之间覆盖着一层蜡膜，鼻孔也在此处。依靠强大的喙，它们才能将猎物轻松地撕裂、分割。

眼睛

金雕的眼睛非常大，位于头部两侧，眼睛具有比其他鸟类更发达的第三层眼睑——瞬膜，起到清洁与湿润作用。突出的眉弓既可以遮挡阳光，又从视觉上增添了威严与霸气。它的虹膜呈黄色或浅棕色。

羽毛

羽毛既用于飞行，又可以让体温保持在正常范围。腿部的羽毛一直延伸到跗跖（鸟类的腿以下到趾之间的部分）上方。金雕会用心打理羽毛，常常用喙来梳理。

锐利的爪子

与其他猛禽一样，金雕用爪子来捕捉、禁锢或杀死猎物。它的爪子由三根锋利的前趾与一根弯曲的后趾组成。后趾可以如同匕首般刺穿猎物的皮肤。趾部内侧覆盖着凹凸不平的肉垫，作用既是"防滑鞋钉"，又可以让猎物无法动弹。

胸腹部的羽毛
主要作用是保暖。

飞行技巧

飞行最重要的条件就是体重轻。金雕与其他猛禽一样，很少喝水，食物通常选择量小且能量高的，可以快速消化。在向上飞行时，金雕会借助上升热气流攀升到高空以节省体力。就好像星星沿着轨道转动一样，它也不会飞出热气流外。飞行时，金雕的翅膀完全打开，尾巴展开以控制方向。

展翼飞行时，金雕会用力、大幅度地扇动翅膀，这需要消耗很多能量。

捕猎

在捕猎时，金雕会飞到空中，展开双翼，借助热气流翱翔。一旦发现猎物，便会以滑翔的方式向下俯冲，最快速度可达200千米/时。在接近地面的一刻，金雕向前伸出爪子，翅膀向后展开。巨大的冲击力通常可以直接杀死猎物。如果猎物没有死去，金雕会把它抓牢，然后用锋利的喙结束猎物的生命。繁殖期过后，金雕捕猎的频率更高，因为雄性需要供养雌性与雏鸟。

金雕向前伸出爪子，这是抓捕猎物的姿势。

羽毛

金雕圆弧形的尾羽起到了方向盘的作用，两侧翅膀上的飞羽保证了动力和对气流的控制力。

在飞行高度足够高时，金雕会选择翱翔的飞行方式，这样可以直线前进，不用扇动翅膀，消耗的能量最少。它将腕部轻折，尾羽稍稍收拢，它可以以这种方式飞行十几千米。

俯冲时翅膀紧紧贴在身体两侧，几乎垂直往下落，停下的刹那间需要速度与力量。

丰富的食谱

金雕的食物来源非常丰富：田鼠、鼹鼠、幼鹿、幼狐、幼獾、猞猁幼崽、松鼠、野兔、穴兔、乌龟都可以成为它的大餐。它并不是贪吃的"大胃王"，饱餐一顿后可能一个星期都不再进食。金雕无法杀死大型哺乳动物，但偶尔也会吃野外的动物尸体，特别是在缺乏食物时。它可以用爪子抓起体重为4~5千克的猎物。

食团

在食物进入到猛禽的胃里之前，会先在嗉囊处累积，经过胃酸分解，但食物的毛与硬壳则不会消化。吃完数小时后，这些会以球状的形式被吐出来，每天1~2次。这些食团可以帮助科学家分析掠食性鸟类的食物。

求偶的季节

金雕在4~5岁时开始繁殖。在繁殖期，当它们沉醉于婚飞（译者注：猛禽等有很强飞行能力的鸟类在求偶时，雌鸟、雄鸟在空中上下翻飞，互相追逐，这是一种空中舞蹈的形式，称为"婚飞"）或筑巢时更易于观察。雌雄金雕交配产卵并孵化后，只有一只雏鸟能存活下来，留在成年金雕的领地上，直到下一次繁殖期到来。雌性金雕的体形更大，体重可以达到6千克，比雄性伴侣重2千克。

婚飞

当雄性与雌性金雕相遇后，便会在一起生活，并且相互忠诚。每对金雕夫妇的领地在40~160平方千米，根据食物资源是否充足而定。

婚飞

婚飞可以加强伴侣之间的情感联系，刺激它们进行繁殖。还有一个作用是赶走入侵者。

雌性

产卵

雌性通常会在三月初到四月初间产下两颗蛋，大小是鸡蛋的两倍。第一颗与第二颗之间会间隔3~4天。孵化期为43~45天，由雌鸟负责，它们腹部的羽毛会脱落，让皮肤与蛋直接接触。

破壳而出

五月末，两只雏鸟会先后破壳而出。这时，它们全身都覆盖着一层白色的绒毛，身长约为15厘米，体重为50克。它们行动笨拙，既无法行动，也没法独立进食。第一个月，母亲会一直待在它们身边，把雄性金雕带回的猎物撕成碎片，用喙喂给雏鸟。

作息

除了打猎与巡视领地之外，雄性金雕常处于休整状态。它与雌性金雕每天交班一次，让雌性金雕去进食。

冬季，雄性会讨好雌性，共同在空中做出一系列夸张的婚飞动作。金雕夫妇有时会俯冲，雌性通常在下方，翻转身体，把爪子伸向伴侣；有时会进行"特技"飞行表演，雄性围着雌性上下翻飞。

筑巢

金雕夫妇通常会在领地里筑2~7个巢。每一年，雌性会选择其中一个巢来产卵。鸟巢通常在远离阳光与雨水的石壁上，或在海拔250~2000米之间的陡峭悬崖上。在树上筑巢是很罕见的行为。

雌性背部朝下，向雄性伸出爪子，然后继续飞行。

金雕的巢由树枝与树皮搭建而成，厚度在30~40厘米间，直径1米。几年后，鸟巢的高度与宽度可能增加倍增。金雕夫妇每一年都会对鸟巢进行维护与加固。

雏鹰

对体形较小的那只雏鹰来说，鸟巢里的生活并不幸福，尤其当食物不足时。实际上，雌性金雕总是优先把食物给更强壮的一只雏鹰，如果有剩余，才会给较小的一只。另外，较小的一只还经常受到欺负，较大的一只会竭尽所能地让较小的那只变虚弱，让其饿死或从巢里掉出去。雌性金雕绝不会干预雏鹰之间的战争，只会冷眼旁观。如果较小的一只能活下来，算它走运了。雌性金雕的任务是保证一只雏鹰活下来。

警惕的金雕父母

在雏鹰学会飞行之前的两个半月里，它们一直生活在父母的严密保护下。雌性金雕绝不会离开鸟巢，因为雏鹰很容易成为乌鸦的猎物。雌性金雕还会展开双翅，保护雏鹰不受烈日酷暑之苦。

飞行的准备

在飞行前的两周里，雏鹰的体形与成年金雕几乎无异。父母开始减少投放食物与回巢的次数。而前一周，雏鹰父母则完全不会再回巢，但还是会监视巢里的情况。雏鹰们也到了练习展翅的时刻，翅膀的扇动越来越快，越来越用力，这项练习可以锻炼它们的肌肉，有助于以后的飞行。

5周后，雏鹰们身上长出了棕色的羽毛，爪子也变得十分巨大。父母将猎物放到巢边，让雏鹰练习如何撕裂猎物。

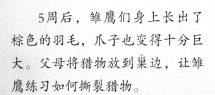

雏鹰锻炼肌肉，为第一次飞翔做准备。

走向独立

当雏鹰备受饥饿折磨后，会第一次飞上天空（7月初至8月末），再次落到鸟巢时会看到带着食物归来的父母。在接下来的几个月里，雏鹰将体会到飞翔的乐趣，练习捕猎技巧。父母会一直陪在它们身边，直到次年1月，那时父母会开始为下一次繁殖期做准备。它们会驱赶雏鹰，而雏鹰也必须学会独自生存。

独自生活

在离开父母的头几年里，雏鹰要学会找到自己的领地。然而独立之路危险重重，很多雏鹰都在独立的第一年里死去。金雕的平均寿命为20~25年，人工饲养的金雕寿命要长得多。

羽毛

雏鹰身上的羽毛在头几年会不断变化。年幼的金雕尾巴与翅膀上会有白色斑点，随着年龄增长，白斑会渐渐消失。4岁时，经历过数次换毛之后，金雕的羽毛便不会再有变化了。

鹰与它的近亲

白肩雕

白肩雕是金雕的近亲，有着威严的外形，特点是宽阔呈方形的尾巴。分布在欧洲东南部到中亚地带。白肩雕以啮齿类、野兔、爬行类、鸟类的尸体为食。它们身长可达84厘米，翼展可达2.15米。

雀鹰最喜欢的捕猎方法是突袭。它会低空飞行，巡视领地，利用各种障碍物隐藏起来，对猎物发起突然袭击。

短尾雕

短尾雕经常出没于非洲稀树草原的平原与灌木林间。羽毛色彩比较鲜艳，容易辨认。短尾雕以中小型哺乳动物为食，但主要的食物来源还是动物尸体。这种鸟类的寿命可以达到40岁，在7岁以后才会开始繁殖。

雀鹰

雄性雀鹰比雌性体形小很多。这种鸟类在欧洲的森林里非常多见。它通常单独行动，有时成群结队，在繁殖期外非常安静。雀鹰具有许多亚种，分布在不同大陆。

栗翅鹰

栗翅鹰生活在中南美洲，外形与雀鹰相似。栗翅鹰过着集体生活，连教养雏鹰也是一项集体工作，其他同类会帮助雏鹰父母。有时，雌性会与两只雄性交配，雏鹰出生后，两只雄性会与雌性一起担负起抚育后代的责任。

飞行时，白肩雕的翅膀看上去类似于矩形。

栗翅鹰的鸟巢建在树上，距离地面通常为5米。

红鸢

红鸢的羽毛为红棕色，十分容易辨认。它的适应能力很强，既可以吃啮齿类的小型哺乳动物，也可以以鱼与其他鸟类为食。如果遇到动物尸体，它也可以饱餐一顿。红鸢主要分布在欧洲。

秃鹫

　　秃鹫主要分为两大类：生活在欧亚非大陆的秃鹫，是鹰、隼的近亲；生活在北美与南美大陆的秃鹫，如王鹫、安第斯神鹫、加州神鹫，外表、习性与鹳十分类似。秃鹫的秃顶与修长的脖子让它们可以将整个头部插入动物的尸体里，撕碎它们的血肉与内脏。

高山兀鹫

　　高山兀鹫生活在中亚至喜马拉雅山脉地带，是世界上飞得最高的猛禽之一，以大型动物的尸体为食，它的体重可达十几千克。

黑白兀鹫

　　黑白兀鹫主要分布在非洲大陆的中南部。这是一种强大而可怕的鸟类，可以集体将大型动物的骨骼撕碎，一具动物尸体周围可以聚集150只黑白兀鹫。成年兀鹫饱餐之后才轮到年幼的同伴，它们进食时会将无毛的长脖子深深地插入尸体体内。

王鹫

　　这种秃鹫羽毛以白色为主，生活在中南美洲的热带雨林里。它红色的喙上多出一块肉冠。它的嗅觉并不发达，必须依靠其他秃鹫才能找到食物。雌性王鹫一次只会产下一颗蛋，由雄性与雌性共同孵化。

胡兀鹫

　　胡兀鹫比较常见，主要分布在南欧、非洲、亚洲。它们体形硕大，但飞行时十分灵巧。胡兀鹫吃完了动物尸体后，会将骨头扔到旁边的石头上，摔碎后汲取里面的营养物质。

秃鹫是食腐动物

　　秃鹫是大自然的净化者，以动物腐尸为食。它们吃掉了动物尸体，避免其彻底腐烂，破坏环境，阻止了一些疾病的发生。我们也把秃鹫称为"大自然的清道夫"。

秃鹫的分部

　　秃鹫从中欧到亚洲都有分布。羽毛为深色，成年后头部无羽毛，喙为棕黑色。它们在树顶建窝，成年秃鹫过着定居生活，幼年秃鹫则四处游荡。它们一般独自或与配偶生活。如果有食物，则可能会聚集一群秃鹫。

西域兀鹫

　　西域兀鹫身长1.05米，生活在欧洲、非洲与南亚地区。它们是群居动物，会共同巡视周边区域，当发现了动物尸体，会通知其他同伴。雌性每年产下一颗蛋。

安第斯神鹫

如同名字一般，安第斯神鹫生活在美国安第斯山脉。它是体形最大的鸟类之一，翼展可达3.5米，体重为11~15千克。雄性特征明显，有肉冠，头部还有皮肤下垂形成的皱褶。雌性每两年产下一颗蛋。在古印加文明中，安第斯神鹫是一种备受崇敬的神鸟，但在阿根廷的巴塔哥尼亚地区，人们对它大肆捕杀，认为它会偷走人类的小孩。

加州神鹫

加州神鹫体长可达1.35米，头部与颈部上的皮肤为橙红色，特征明显。它的羽毛为黑色，翅膀下有一道白色条纹。因为人类的捕杀与自然栖息地的破坏，这种加州神鹫几乎灭绝，现在科学家们正在进行加州神鹫的放归项目。与其他美洲秃鹫一样，它与欧洲、亚洲的秃鹫的区别在于连通的鼻孔与不筑巢的习性。

白兀鹫

白兀鹫有着浅色的羽毛，是体形较小的秃鹫，分布在法国、西班牙、尼泊尔与非洲地区。它们通常以其他兀鹫吃剩的腐肉为食。

这只白兀鹫利用石头敲破鸵鸟蛋壳，然后就可以美餐一顿了。

隼

隼科大家族里共有60多种鸟类，分布于南极洲以外的各个大洲。它们的喙很短，上喙锋利的边缘上有一颗"牙齿"，可以敲碎猎物的颈椎，杀死猎物。隼不筑巢，产蛋会选择废弃的鸟巢、石洞、树洞或峭壁上。雌性比雄性的体形更大。

速度冠军

隼是真正的速度冠军。它们俯冲的速度可以达到250千米/时。它们会捕食活的猎物，对腐尸不感兴趣。它们用爪子抓住猎物，用喙将其杀死，因为爪子不够长，无法作为致命武器。

燕隼

燕隼分布于世界各地，身长为30～36厘米，十分灵巧、迅捷。羽毛呈深灰色，前胸有条纹。它以飞虫或雀形目鸟类为食。这种鸟类在繁殖期间会特别"吵闹"。

每年9月，燕隼都会飞越数千千米，来到非洲。次年春夏再返回欧洲与俄罗斯。

卡拉卡拉鹰

卡拉卡拉鹰虽然是隼目隼科，但它的外表与行为却与众不同。它的腿比较长，奔跑的速度比飞行快。它以动物腐尸为食，这一点与秃鹫一样。卡拉卡拉鹰生活在智利南部，捕食企鹅、软体动物与贝壳类。卡拉卡拉鹰是隼科家族里唯一筑巢的鸟类。

卡拉卡拉鹰又叫作墨西哥鹰，是墨西哥的国鸟。它们通常成群结队出现，一双长腿可以让它们在浅水中觅食。

游隼

游隼体长在38～51厘米，翅膀又长又尖，呈深灰色，分布极为广泛。在捕猎时，它的俯冲速度非常快。它先升到空中，与猎物方向相反，然后以300千米/时急速向猎物冲去，用爪子撞击猎物。猎物的体形有时是游隼本身的两倍。

在孵化过程中，通常是雌性承担孵蛋的任务，雄性会带回食物，偶尔接替一下。雏鸟出生一个月左右便可以飞行了。

由于人类的捕猎、使用农药、破坏自然环境等活动，游隼几乎从地球上灭绝。幸运的是，许多保护措施与放归项目正在展开。

红隼

红隼体长约为35厘米，广泛分布于世界各地，是欧洲最常见的猛禽之一。雄性的羽毛为红棕色有黑点，头尾为灰色。雌性与雏鸟的头、背、尾部为深红色。红隼是"悬停专家"，它可以原地飞行，在几分钟里，飞速扇动翅膀，让身体停留在空中，尾部完全展开。悬停期间，它会观察猎物（小型哺乳类、小型鸟类、爬行类或昆虫），然后收起翅膀俯冲下去。这种猛禽会进入城市生活，城市中的许多高塔都成了红隼的"家"。

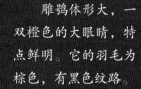

雕鸮体形大，一双橙色的大眼睛，特点鲜明。它的羽毛为棕色，有黑色纹路。

鸮

鸮形目下全是夜行性猛禽，共有200余种，分布在世界各地。与白日里活跃的鸟类不同，它们在夜间活动，常在黄昏时进行捕猎。它们长着强壮的爪子与锋利的喙。

长耳鸮

体长为35～40厘米，羽毛为棕色有斑点。它静止时身体挺直，像一根木头。这种猛禽是捕捉啮齿类动物的大师。它们从不自己筑巢，而是将蛋产在乌鸦、喜鹊或鸽子的巢中。

雪鸮

雪鸮，又叫枭，是一种生活在北半球寒冷地区的夜行性猛禽。雄性与雌性的毛色不同：雄性几乎为纯白色，能轻易与雪地融为一体；雌性身上有许多黑色斑点。它们强壮的腿上也覆盖着羽毛，爪子十分锋利。在繁殖期，雪鸮便只在白天捕猎，它们以旅鼠等啮齿类为食。雌性有时会亲自在地面挖出一些凹陷，垫上羽毛与苔藓后作为巢穴使用。

雕鸮

雕鸮是体形较大的夜行性猛禽之一。雌性比雄性的体形更大,体重约为2千克,翅展可达2米。它们通常在悬崖上挖洞产蛋,或将蛋产在鹰、鹗废弃的窝中,有时甚至直接在树下产蛋。

雕鸮以哺乳类、两栖类、鱼类、昆虫类与其他鸟类为食。当食物缺乏时,它们会攻击体形更大的动物,如绵羊。

灰林鸮

圆圆的脑袋、大大的黑眼睛与带有红棕色纹路的羽毛让灰林鸮成了欧洲知名度最高的夜行性猛禽。在欧洲的森林里,一年四季都能听到它们的叫声。雄性的叫声为"呜——呜",雌性则更为尖锐,类似"科——呜——咦"。成年灰林鸮可以发出十余种不同的声音。

雪鸮是加拿大魁北克省的省鸟。

仓鸮

仓鸮的体长为33~39厘米，但翅展可达93厘米。这种有着刺耳叫声的夜行性鸟类是与人类接触最多的猛禽之一，因为它们经常在老旧的房屋中筑巢，如马厩、钟楼、谷仓等，仓鸮的名字也是因此而来。

仓鸮的听觉十分发达，远超其他鸟类。它甚至可以仅凭听觉在一片漆黑中找到猎物的位置。

面具

仓鸮有着大脑袋与大眼睛，还戴着一张心形的灰白色"面具"，头背部羽毛为棕色，面腹部为灰白色。它的翅膀上绒毛极多，可以保证飞行时产生的声音最小。

夜行鸟类

仓鸮分布极广，各大洲均有它的身影。与其他的夜行性猛禽一样，它也在黄昏时狩猎，白天时会隐藏起来，避免被其他鸟类打扰。

超强的夜视能力

仓鸮在太阳或车灯这样的强光下视力极差。它的空间感知能力很强，但对色彩没那么敏感。与其他夜行鸟类一样，仓鸮的视野很广，这可全靠它可以270°旋转的脑袋。

啮齿类大餐

仓鸮主要以啮齿类、鼩鼱等小型哺乳动物为食。鸮形目猛禽通常会直接完整吞下猎物，再吐出食团，每日两次，一次在白天，一次在夜里。这些食团是猎物无法被消化的部分，如羽毛、骨头。科学家们可以利用食团来研究这些猛禽的觅食习性。

雏鸟

仓鸮的巢由泥土和稻草搭筑而成。每年的春天和夏天，雌性都会产下4～13颗蛋，总共要花费好几天时间。雏鸟破壳而出时的重量仅有15克，全身覆盖着细细的绒毛，眼睛也是闭着的。第一个月里，雌鸟会承担起保护与喂养它们的责任。

雏鸟在两个月时学会飞行，但还要一个月后才能真正地独立。

猛禽与人类

从古至今，人类对猛禽一直充满了各种幻想。在古代，有些猛禽成了力量、权力与智慧的象征。后来，人们又一度将猛禽当作罪恶的化身，指控它们会偷走家畜与孩子，或是做恶魔的信使。另外，鹰猎也是一项历史悠久的活动。

荷鲁斯

神明之列

在许多古代文明中，猛禽都被看作是神灵之一。希腊神话里的天神宙斯身旁便有一只雄鹰陪伴，而它也是权力的象征。宙斯的女儿智慧女神雅典娜的肩头永远站着一只猫头鹰，它曾经是智慧的象征。荷鲁斯是埃及神话中代表正义的天神，隼头人身，锐利的目光让一切罪恶都无所遁形。荷鲁斯的母亲伊西斯则佩戴着秃鹫形状的头饰。

鹰猎

鹰猎是最古老的狩猎方式之一。最初起源于东方，在5世纪便成为风靡欧洲的一项贵族活动。这种狩猎方式需要驯服一只猛禽，让猛禽捕猎后将猎物带回。人类主要驯养隼、鹞等猛禽。随着枪支的出现，这一种狩猎方式已经式微。

左图这种特殊的头盔可以遮掩鹰的视野，这样在陆地上快速移动时它才不会紧张害怕。

捕猎场景：猛禽飞出去追捕猎物。这幅石版画创作于1880年。

拿破仑的纹章

古罗马战士

如今，鹰猎活动通常作为表演而存在，或是为了赶跑鸽子等鸟类。因此，在有些机场，我们能看到驯鹰者的身影。他们利用驯服的猛禽赶跑一些候鸟，避免它们与飞机相撞。

重要的象征

自古以来，人们就将鹰看作征服的象征。古罗马兵团、日耳曼帝国、拿破仑与俄国沙皇都用鹰来代表军队。波兰、俄罗斯、墨西哥等国家的国徽中都有鹰的元素。

濒危猛禽

近两个世纪来，许多猛禽被看作"传播厄运的鸟"，因而遭到人类大规模猎杀。现今，森林的减少、电网的密布进一步威胁着猛禽的生命。另外，屡禁不止的偷猎与杀虫剂滥用已经造成了多种猛禽与其他鸟类的灭绝。

LES RAPACES
ISBN：978-2-215-08829-5
Text: Sabine BOCCADOR
Illustrations: Marie-Christine LEMAYEUR, Bernard ALUNNI
Copyright © Fleurus Editions 2008
Simplified Chinese edition © Jilin Science & Technology Publishing House 2021
Simplified Chinese edition arranged through Jack and Bean company
All Rights Reserved

吉林省版权局著作合同登记号：
图字　07-2016-4669

图书在版编目（CIP）数据

　　猛禽 / （法）萨比娜·博卡多尔著 ；杨晓梅译. ––
长春 ：吉林科学技术出版社，2021.1
　　（神奇动物在哪里）
　　书名原文：eagle
　　ISBN 978-7-5578-7820-7

　　Ⅰ．①猛… Ⅱ．①萨… ②杨… Ⅲ．①食肉目－野禽
－儿童读物 Ⅳ．①Q959.7-49

　　中国版本图书馆CIP数据核字(2020)第207654号

神奇动物在哪里·猛禽

SHENQI DONGWU ZAI NALI · MENGQIN

著　　者　[法]萨比娜·博卡多尔
译　　者　杨晓梅
出 版 人　宛　霞
责任编辑　潘竞翔　赵渤婷
封面设计　长春美印图文设计有限公司
制　　版　长春美印图文设计有限公司
幅面尺寸　210 ㎜×280 ㎜
开　　本　16
印　　张　1.5
页　　数　24
字　　数　47千
印　　数　1-6 000册
版　　次　2021年1月第1版
印　　次　2021年1月第1次印刷

出　　版　吉林科学技术出版社
发　　行　吉林科学技术出版社
地　　址　长春市福祉大路5788号
邮　　编　130118
发行部电话/传真　0431-81629529　81629530　81629531
　　　　　　　　　　　81629532　81629533　81629534
储运部电话　0431-86059116
编辑部电话　0431-81629518
印　　刷　辽宁新华印务有限公司

书　　号　ISBN 978-7-5578-7820-7
定　　价　22.00元

责任编辑：潘竞翔　赵渤婷
封面设计：美印图文

上架建议◎少儿科普
ISBN 978-7-5578-7820-7

9 787557 878207 >

定价：22.00元

鲸

[法] 爱格妮丝·范杜埃◎著

杨晓梅◎译

吉林科学技术出版社